我的家在中國・城市之旅 ①

百花深處
訪京城

北京

檀傳寶◎主編　　王小飛◎編著

中華教育

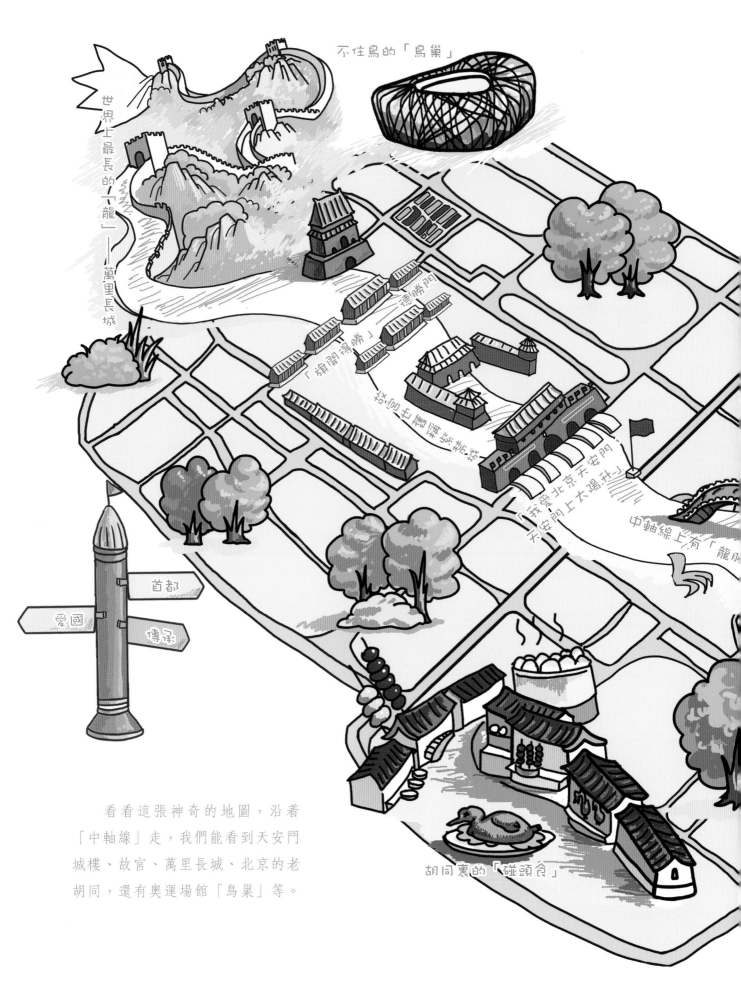

不住鳥的「鳥巢」

世界上最長的「龍」——萬里長城

德勝門

「旗開得勝」

格如主樓梁結構

「我愛北京天安門」

天安門上太陽升

中軸線上有「龍

首都

愛國

傳承

胡同裏的「碰頭食」

看看這張神奇的地圖，沿着「中軸線」走，我們能看到天安門城樓、故宮、萬里長城、北京的老胡同，還有奧運場館「鳥巢」等。

「京味」十足的南鑼鼓巷

北京中央商務區的國際範

「永遠安定」——永定門

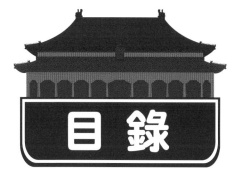

目 錄

八達嶺上有條「龍」

馬上到北京啦！看，城外山上有條「龍」！

足夠環繞地球的「龍」

　　許多中國人常說自己是「龍的傳人」，那麼「龍」是怎麼來的呢？在遠古時期，中國的先民對很多自然現象無法做出合理解釋，又渴望能像其他動物一樣更好地適應生存，於是便希望自己民族的圖騰具備許多動物的優點，最後他們將九種動物的優點集中在一種動物身上，即「九不像」——龍的形象從此誕生！

　　後來，在諸多部落的爭鬥中，擁有龍圖騰的華夏族逐漸勝出。時至今日，龍的形象漸漸從王室、皇權的象徵，演變為中華民族、中華文化的標誌。

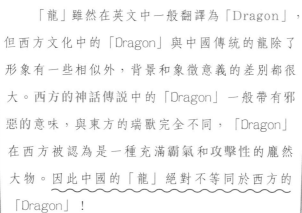

「龍」雖然在英文中一般翻譯為「Dragon」，但西方文化中的「Dragon」與中國傳統的龍除了形象有一些相似外，背景和象徵意義的差別都很大。西方的神話傳說中的「Dragon」一般帶有邪惡的意味，與東方的瑞獸完全不同，「Dragon」在西方被認為是一種充滿霸氣和攻擊性的龐然大物。因此中國的「龍」絕對不等同於西方的「Dragon」！

◀「九不像」即擁有鹿的角、牛的耳、駝的頭、鬼的眼、蛇的頸、蜃的腹、魚的鱗、虎的腳掌、鷹的爪子

中國的首都北京，建城已有三千多年歷史，過去是皇城，想必城裏城外一定藏有很多「龍」！
大家一起到北京找找吧！

世界上最長的「龍」在哪裏呢？在北京城外的八達嶺上。為甚麼這樣說呢？

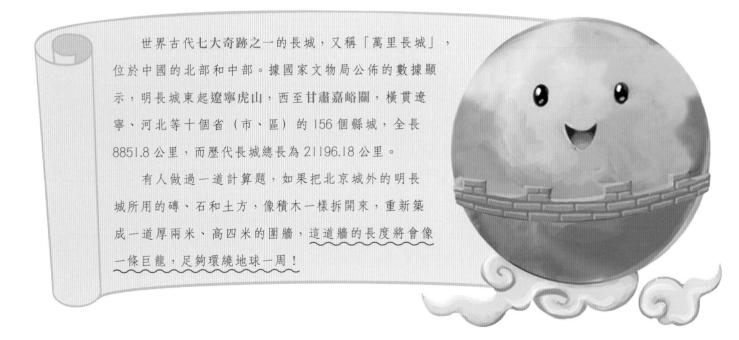

世界古代七大奇跡之一的長城，又稱「萬里長城」，位於中國的北部和中部。據國家文物局公佈的數據顯示，明長城東起遼寧虎山，西至甘肅嘉峪關，橫貫遼寧、河北等十個省（市、區）的 156 個縣城，全長 8851.8 公里，而歷代長城總長為 21196.18 公里。

有人做過一道計算題，如果把北京城外的明長城所用的磚、石和土方，像積木一樣拆開來，重新築成一道厚兩米、高四米的圍牆，這道牆的長度將會像一條巨龍，足夠環繞地球一周！

萬里長城就像一條巨龍，翻越巍巍羣山，穿過茫茫草原，跨過浩瀚的沙漠，奔向廣闊的大海。
長城已經成為中華民族精神的重要象徵。

「狼來了」別亂喊

長城是歷代王朝為了抵禦外敵侵襲逐步修築形成的。當有外敵入侵時，便點燃烽火台上的烽火來傳遞警報。古代沒有電話、電報，皇帝也可利用長城的信息警報，召集天下諸侯到京城開會。

長城由關隘、城牆、城台和烽火台四部分組成。關隘一般都建在地勢險要之處，居庸關就是一個突出的代表；城牆頂寬達 5.8 米，可容五馬並騎；城台是每隔 300～500 米的一組高出牆頂的方形建築，是巡邏放哨的地方；烽火台專門用於傳遞軍情。古代規定舉一煙鳴一炮表示來敵一百人左右；舉兩煙鳴兩炮，來敵五百人左右；一千人以上，舉三煙鳴三炮……如此傳遞，千里之外的敵情可以在幾個小時之內傳到朝廷。

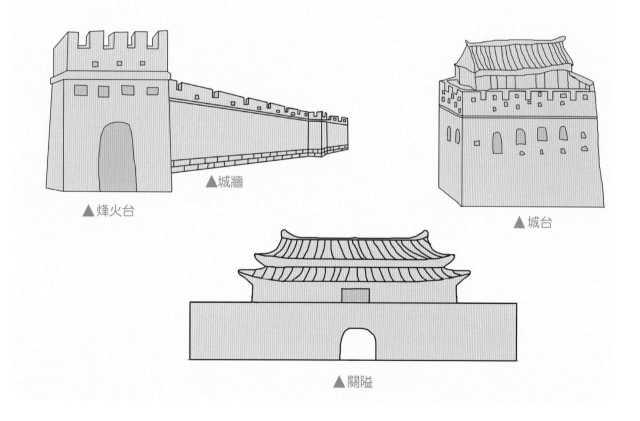

▲城牆

▲烽火台

▲城台

▲關隘

烽火戲諸侯

歷史上有個皇帝叫周幽王，他為了博愛妃褒姒一笑，經常喊「狼來了」……

▲周幽王用珠寶討好褒姒，褒姒面無表情

▲周幽王帶褒姒登上烽火台，命人點烽火

▲諸侯們趕到狼煙四起的烽火台，只看到大笑的周幽王與褒姒。諸侯們知道被騙了，但只能吃啞巴虧

▲有一次周幽王被敵軍圍攻在驪山下。但有了之前教訓的諸侯們再也沒派軍隊來救援了。周幽王的下場可想而知

看來「狼來了」的故事也有個「皇家版」。因此，「狼來了」，千萬別亂喊！

不到長城非好漢

今天的長城屹立在崇山峻嶺之上，十分莊嚴、威武。可是，修築長城的百姓對長城的看法是不一的。

「孟姜女哭長城」說的就是秦始皇下令修建長城時的一個悲劇故事。儘管如此，長城的修建仍代表着古代勞動人民的勤勞、勇敢和智慧。

萬年灰「鑄就」燕京城

最早的長城並非秦始皇修建的，在更早的春秋戰國時期，就已經有了長城的修築。有個燕國人還在修建長城的過程中得到了啟發，發明了石灰來抹城牆縫。

冬天天冷，燕國的民夫們就架起大鐵鍋燒水和泥，時間長了鐵鍋被燒出一個大窟窿，鍋漏水把火澆滅了。可意外的是，熱石頭遇到水，竟然炸出了許多白麵灰。他們就這樣意外發現了新的建築材料——石灰。

秦始皇統一中國後，也仿照燕王的辦法修起了萬里長城。長城修完後，因燕國人燒石灰有功，秦始皇又撥下金銀，專為燕國人建造了城池，這就是現在的北京。不過，那時的北京叫燕京。燕國人燒石灰用過的石頭所在的山統稱為燕山山脈。由於石灰的質量非常好，就被後人稱為「萬年灰」。

重要的歷史見證

八達嶺長城是北京歷史上許多重大事件的見證。

第一帝王秦始皇東臨碣石後，經八達嶺取道大同，再駕返咸陽。

元太祖入關、元代皇帝每年兩次往返北京和上都之間的必經之地。

明代帝王北伐、李自成攻陷北京的關鍵地。

清代天子親征途中必經地、慈禧太后西逃淚灑離別地。

民國時期詹天佑在此主持修築京張鐵路，這是中國自主修建的第一條鐵路。

……………

出　塞

[唐] 王昌齡

秦時明月漢時關，

萬里長征人未還。

但使龍城飛將在，

不教胡馬度陰山。

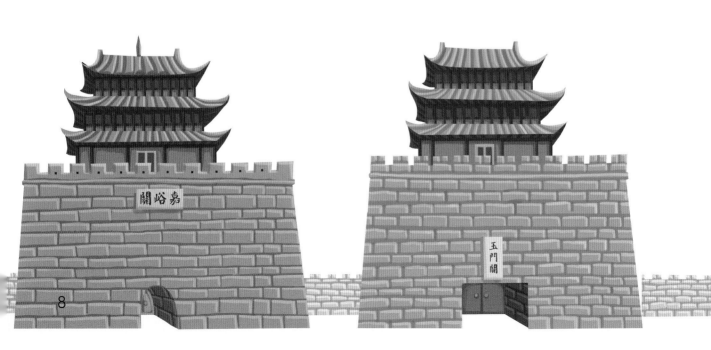

「秦時明月漢時關，萬里長征人未還。」自秦漢以來，古代長城周邊的戰事，一直沒有停歇。無數將士在此血灑疆場，無數戰士為國駐守邊關，令親人牽腸掛肚。

「關內」與「關外」

「勸君更盡一杯酒，西出陽關無故人」「羌笛何須怨楊柳，春風不度玉門關」等詩句，說的主要是長城西部關口，是古代內地和西部地區的分界區。明清以後所説的的「關內外」多以長城東部的山海關為界。「闖關東」一度成為人們嚮往和開拓新生活的標誌。

居庸關

天下第一雄關

天下第一關

山海關

我要做好漢！

如今，長城內外硝煙散盡，已經成為北京一個最具代表性的旅遊勝地，特別是毛澤東主席詩詞中的一句「不到長城非好漢」，引起了國內外遊客強烈的興趣。

2010 年，美國時任總統奧巴馬在凜冽的寒風中登上八達嶺長城。迄今，還有尼克遜、里根、戴卓爾夫人、戈爾巴喬夫、伊麗莎白二世、希思羅等多位外國元首到訪過長城。

▼北京段長城總長度約六百公里，其中明長城長度為 526.65 公里。全國查明的明長城牆體保存狀況總體堪憂，保存較好的不足 10%，一般的只有約 20%。許多野長城已經滿目瘡痍，城磚甚至在某些地段被公開叫賣

中外遊客人數的激增，反映了長城這一世界遺產的知名度不斷上升。但是，某些「好漢」不僅人要到，而且還會在城磚上留下「到此一遊」的印跡。因此，政府歷來高度重視長城的保護工作，這對於展示中華民族燦爛文明、堅定文化自信、弘揚社會主義核心價值觀，都具有十分重要的作用。

長城保護實踐

▼2016 年，國家文物局舉行長城公開課，呼籲保護長城

▼各種以保護長城為主題的會議定期召開

長城保護的法律法規

自 1987 年長城被聯合國教科文組織列入《世界遺產名錄》以來，中國政府始終堅持認真履行《保護世界文化和自然遺產公約》，不斷加強長城保護專項法規建設，逐步建立起以《中華人民共和國文物保護法》和《長城保護條例》為主體，各級地方性法規為補充的法規體系。2016 年，國家文物局出台《長城執法巡查管理辦法》和《長城保護員管理辦法》，對《長城保護條例》的內容進行了細化和落實。

第二站

天安門前看升旗

世界上最大的城市中心廣場

北京是我國的政治文化中心，而天安門廣場是國家政治活動的重要場所之一。去北京，怎能不去看看天安門廣場呢？

天安門廣場南北長 880 米，東西寬 500 米，總面積 44 萬平方米，可同時容納 100 萬人集會，是目前世界上最大的城市中心廣場。

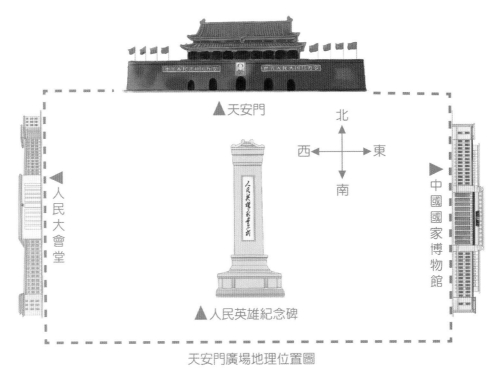

▲天安門

北
西　東
南

◀人民大會堂

▶中國國家博物館

▲人民英雄紀念碑

天安門廣場地理位置圖

天安門以前不叫「天安門」，而是叫「承天門」。這是怎麼回事呢？這裏有個關於天安門的故事，與農民起義軍領袖李自成有關。

▲李自成帶兵來到寫有「承天門」的城樓前

▲李自成騎在馬上飛箭射中承天門的「天」字，周圍人一片叫好：「闖王穩得天下！」

▲清順治皇帝登基後，聽說了這件事，很不高興，就命人摘掉城樓上「承天門」的牌子

▲城樓上從此掛上新牌子「天安門」

中華人民共和國的象徵

　　天安門位於北京城正中心，始建於明永樂十五年（1417 年）。1925 年 10 月 10 日，故宮博物院成立，天安門開始對民眾開放。1949 年 10 月 1 日，在天安門廣場舉行了開國大典，天安門由此被設計入國徽，並成為中華人民共和國的象徵。

太陽公公「升」國旗

與太陽公公的「約會」

太陽公公是天安門廣場上的「升旗手」。不信你看：太陽每天早上升起或傍晚落下時，天安門廣場必定會舉行升旗、降旗儀式。

當遇到重大活動或特殊慶典時，除了廣場上鮮豔的百花，升旗儀式也是廣場上一道亮麗的風景。因此，第一次來北京的人都會與太陽公公有個「約會」，起個大早到天安門廣場看升旗儀式。看着冉冉升起的五星紅旗，莊嚴神聖的愛國情感油然而生，只想說句：「祖國，早上好！」

觀看升旗時也有禮儀要求。例如，升旗時所有在場人員都要肅立、端正；當主持人宣佈儀式開始後，場內全體人員都要起立、立正，要面向國旗致敬，行注目禮；國歌奏響時，走動或經過現場的人員都應停步，面對國旗，自覺肅立，待升國旗完畢後，方可走動。

中华人民共和国万岁

世界人民大团结万岁

升旗禮儀知多少

　　舉行升旗儀式的場合或活動包括：接待外國元首、政府首腦，大型國際體育比賽，大型節日慶典、紀念活動，召開國際會議等。比如，在接待外國元首或政府首腦時，主客雙方國旗一般是在國賓下榻的賓館外懸掛，以示兩國友好。兩國國旗並掛，以旗正面為準，左邊的是本國國旗，右邊的是客方國國旗。在發生不幸事件、重大災難等時，還會舉行「降半旗」儀式，表示哀悼，過程是先將國旗升至杆頂，然後下降到離杆頂約佔全杆三分之一處。

升 國 旗

排排隊，站站齊，

不說話，不調皮。

奏國歌，升國旗，

我們都行注目禮。

同學們，齊努力，

為祖國，勤學習。

學文化，練身體，

建設國家出分力。

▲ 奧運會頒獎升旗儀式

▲ 天安門廣場降半旗哀悼汶川地震遇難同胞

禮炮「嘭嘭嘭」

走近國賓禮儀

　　天安門廣場歡迎來訪國賓的整個儀式過程不過 20 分鐘，其中包括升國旗、奏國歌、鳴禮炮、檢閱儀仗隊等內容。過程莊重、氣氛嚴肅。這是國賓訪華的第一印象，也是國際禮賓工作的慣例。

鳴禮炮

歡迎貴賓時鳴放禮炮，已有**四百多年**的歷史，始於航海業發達的**歐洲**。當一艘戰船駛入外國港口或在公海上與外國戰船相遇時，會互相鳴炮。這既是一種**自我解除武裝**的友好表示，也是一種向**對方致敬**的表示。

1772 年，英國規定，鳴放禮炮 **21 響**為歡迎國王和王后的禮儀。1875 年，美國國務院與英國駐美公使達成協議，規定按照海軍習慣，將鳴放禮炮作為迎接貴賓的**最隆重禮節**，21響最隆重，19 響次之。

▲ 三軍儀仗隊

故宮房間知多少

那些宮那些事

▶午門

「真龍天子」的禁地

　　進入天安門後，就進入了北京的皇宮——紫禁城。這裏作為元、明、清三代的皇城，是所謂「真龍天子」的禁地，也是世界上少有的幾個保存完整的皇宮。

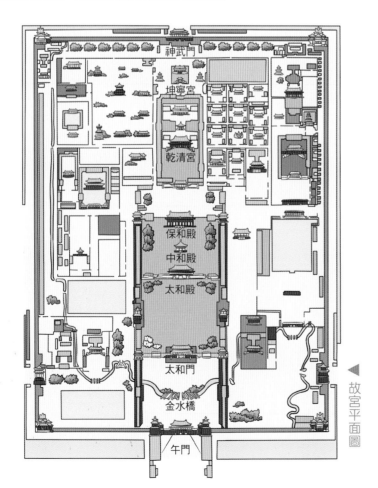

神武門
坤寧宮
乾清宮
保和殿
中和殿
太和殿
太和門
金水橋
午門

◀故宮平面圖

午門舊事

從天安門一側進入後，最先看到的是故宮南門——午門。

在一些歷史著作或戲曲裏，我們經常會看到或聽到「推出午門斬首」的內容或劇情，因此說到午門，總令人有幾分不寒而慄的感覺。午門到底是不是斬首的地方呢？其實這是以訛傳訛。在明代，午門是執行廷杖的地方；在清代，午門則是慶祝打仗歸來的地方。

▶ 保和殿

金榜題名時

過了午門往裏走，就到了紫禁城裏最高級的考場——保和殿。在這裏，我們可以參加古代的「高考」——科舉中的殿試，感受金榜題名時的榮耀與落榜時的失意。

◀ 古代「高考」

「殿試」是科舉制度中最高一級的考試，每三年舉行一次。被錄取者稱「進士」，前三名分別為「狀元」「榜眼」「探花」。

住在故宮裏的小「精靈」

在故宮裏行走，一定會看到很多「飛簷走壁」的小「精靈」——這些雕刻精美的小獸們大多靜臥在宮殿門前、宮殿的屋脊上、高高的華表頂端之上等。

關於屋簷上小獸的由來，有一種說法是，由於古代的宮殿多為木質結構，易燃，因此人們在簷角上安上了傳說能避火的小獸。其中有一種小獸名叫螭吻，是龍的一個兒子。

關於螭吻還有一個有趣的神話故事——

▲ 螭吻和龍的另一個兒子比賽吞屋脊

▲ 另一個兒子吞不下，反倒是螭吻一口吞下了屋脊

▲ 另一個兒子很生氣，趁其不備，用劍刺向螭吻

▲ 就這樣螭吻被釘在了屋脊上，這個神話故事便被稱為「螭吻吞脊」

飛簷走壁的小「精靈」

　　宮殿垂脊獸的裝飾，是有嚴格等級區別的，最前面的領隊是一個騎鶴仙人，後面的動物數目越多，表示級別越高。太和殿用了十個，天下第一；皇帝居住和處理日常政務的乾清宮，地位僅次於太和殿，用九個；**坤寧宮**原是皇后的寢宮，用七個；妃嬪居住的**東西六宮**，用五個；某些配殿，用三個甚至一個。《大清會典》上說，這些琉璃釉面小獸的排列順序為：龍、鳳、獅子、天馬、海馬、狻猊、押魚、獬豸、斗牛、行什。

鳳

龍

獅子

天馬

行什

海馬

斗牛

獬豸

押魚

狻猊

故宮房間裏的寶貝

　　1931 年「九一八」事變發生後，日本侵佔了東北三省，並不斷向華北滲透。1933 年 2 月 5 日夜，從故宮到前門的火車站全線戒嚴，一大批板車停在了神武門廣場上，世界文物史上絕無僅有的「國寶長征」就此拉開帷幕。

國寶長征

　　一萬多箱國寶文物輾轉南京、上海、重慶、成都、北京等地，行程數千里，歷時十餘年。

　　中華人民共和國成立前夕，這批國寶中最珍貴的 2972 箱國寶被敗退的國民黨從南京運往台灣，現在存於 1965 年成立的台北故宮博物院。在中國大陸，大批故宮國寶祕籍又分別於 1950 年和 1953 年兩次大規模從南京北遷，現存於故宮博物院。

半間房子中有寶

故宮不僅寶物多，而且藏寶物的房間也多，據說故宮有 9999 間半房。

真的有那半間房嗎？猜猜看。

關於半間房的傳說

相傳當初修建紫禁城的時候，明代**永樂皇帝朱棣**一開始把宮殿的總間數定為一萬間，可是就在他傳下聖旨後的**第五天**晚上，突然夢見玉皇大帝把他召到天宮的**凌霄殿**，才知道自己要建的這紫禁城的宮殿數一萬間壓過了天宮一萬間的數。於是將紫禁城的房間數量改為 9999 間半，既不失天宮的面子，又不失皇家的壯觀氣派和天子的尊嚴。

實際上，故宮的半間房是不存在的，而是藏書樓文淵閣樓下西頭的一間房，由於該房間面積很小，僅有一個樓梯，像是半間房，但實際上仍是一整間房。文淵閣的名稱有以水克火之意，裏邊藏的寶貝是第一部《四庫全書》。

▲ 根據 1973 年專家現場測量，故宮有大小院落 90 多座，房屋有 980 座，共計 8707 間（「間」並非當今房間之概念，此處的「間」是指四根房柱所形成的空間）

第四站

尋常百姓老北京

「體操健將」驢打滾

老北京「碰頭食」

「真龍天子」被趕出紫禁城後，皇宮裏沒了「龍」，老百姓成為城市的主宰。尋常百姓生活的老北京，才是這座龍城的真實面目。在這座老城裏，大柵欄、護國寺附近最熱鬧，那裏有小吃街，香氣四溢：烤鴨、驢打滾、年糕、灌腸、煮羊霜腸、扒糕、涼粉、爆肚、茶湯等在食攤上應有盡有，各式京味小吃在此爭奇鬥豔。北京小吃都在廟會或沿街集市上叫賣，人們無意中就會碰到，老北京人形象地稱之為「碰頭食」。

考考你：「大柵欄」的正確讀音是甚麼？

豆面糕俗稱「驢打滾」，是老北京傳統著名小吃之一。驢子難道成體操健將了？真的是驢子在打滾嗎？這裏有一個故事：

驢子走山路累得滿身大汗時，會找一塊乾燥的黃土地，滾一滾，既解乏又除汗。做豆糕的人看到這一現象，受到啟發，將糕點放到米粉或豆粉裏滾一滾，便做成了可口解饞的北京名點——驢打滾。

「驢打滾」指的可不是「我」呦，而是可口的豆麪糕！

◀捏麵人

▲空竹

◀鬥蟀蟀

老北京的玩意兒

麵人、泥人、面具臉譜、空竹、風箏、鬃人、絨布人、絹人、兔爺、布老虎、猴上樹、馬拉車、刀槍劍戟斧鉞鈎叉……這些北京的各種民間玩意，用北京話來說，海了去了（太多了）。一種玩意兒，一種玩法。只要你捨得花點時間練習，並且稍微花點心思琢磨其中的技巧，很快就可以掌握它們的玩法。你想玩哪一種呢？

我唱紅臉你唱白臉

你知道嗎？京劇是由來自中國南北方的戲曲交融、演變而來的。

兩百多年前，那時人們可以在京城聽到來自全國的各種戲曲，但那時還沒有京劇。

徽班進京

清乾隆五十五年（1790 年），當時的皇帝高宗八十歲大壽，京城要舉辦很多慶祝活動。為給皇帝祝壽，來自安徽和揚州一帶的戲班子也想到北京演出。高朗亭的三慶戲班子就是其中四個有名的「徽班」之一。

「徽班」歷盡艱辛來到京城，他們的演出大受歡迎。這就是京劇歷史上里程碑式的事件——徽班進京。

經過「京劇鼻祖」程長庚、譚鑫培等一大批京劇名家，以及無數人的長期經營和發展，最終誕生了一個屬於中國的，也是世界的戲曲曲種——京劇。

世界戲劇三大表演體系

京劇被列為世界戲劇三大表演體系之一。所謂的「三大體系」，一是蘇聯的戲劇大師斯坦尼斯拉夫斯基表演體系；一是德國的戲劇大師布萊希特體系；一是中國的梅蘭芳表演體系。雖然這一提法並不是那麼科學，但是斯氏和布氏都非常景仰梅蘭芳的表演藝術，認為梅氏的表演是對他們表演學說的豐富和補充。

城市祕籍——五顏六色的臉譜

小時候，你一定玩過孫悟空的面具，或者戴過卡通公仔的面具吧！但下面這些「面具」你見過嗎？這些表情到底是哭還是笑呢？

我喜歡的一個臉譜

臉譜的表情

京劇臉譜，是所有戲種臉譜中最具特色的一種。京劇臉譜中紅臉含有褒義，代表忠勇，如關羽、姜維、常遇春；黑臉為中性，代表猛智，如包拯、張飛、李逵等；藍臉和綠臉也為中性，代表草莽英雄，如竇爾敦、馬武等；黃臉和白臉含貶義，代表奸詐兇惡，黃臉如宇文成都、典韋等，白臉如曹操、趙高等；金臉和銀臉象徵着神祕，代表神妖。

四合院下的寶藏

　　北京有個非常有影響力的胡同──「百花深處」。20 世紀 80 年代是中國搖滾樂大發展的年代，搖滾歌手們從北京最早的幾個錄音棚之一的「新街口百花深處胡同 16 號」出來，站在人來人往的胡同口，看到古色古香的四合院與富有歷史感的胡同時，總會有感而發，因而創作出很多新的作品，如《北京搖滾》《唐代》《姐姐》等。

「百花深處」與花有關嗎？

　　「百花深處」是一條胡同名，位於西城區東北部。東起護國寺東巷，西至新街口南大街。清乾隆十五年（1750 年），京城百姓稱其為「花局胡同」，是當時種植花卉的場所。光緒十一年（1885 年），朱一新《京師坊巷志稿》將其改稱「百花深處胡同」。民國後去「胡同」簡稱今名。

　　作家老舍曾這樣描寫「百花深處」：「胡同是狹而長的。兩旁都是用碎磚砌的牆。南牆少見日光，薄薄地長着一層綠苔，高處有隱隱的幾條蝸牛爬過的銀軌。往裏走略覺寬敞一些，可是兩旁的牆更破碎一些。」

福、祿、壽、喜四合院

北京四合院自遼代時已初成規模，經金、元，至明、清，逐漸完善，最終成為北京最有特點的居住形式。經過數百年的營建，北京四合院從平面佈局到內部結構、細部裝修都形成了特有的京味風格。

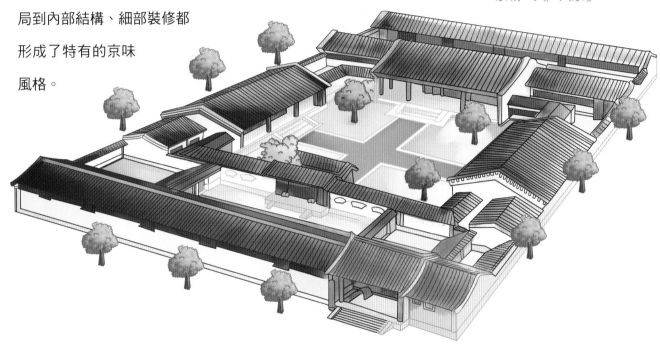

▼ 四合院——傳說中的京城「大戶人家」

四合院是中國的一種傳統合院式建築，所謂四合，「四」指東、西、南、北四面，「合」即四面房屋將庭院合圍在中間，形成一個「口」字形，代表着圓滿。逢年過節時，人們常會在四合院內外貼上「福、祿、壽、喜」等吉祥字眼或神靈形象，以表達他們對美好生活的祈盼。

◀ 據統計，在京城地名中含有「福」「祿」「壽」「喜」和「安康」「太平」等吉祥字眼的達 150 多處，人們樂於將自己的心願用地名這種特殊的形式表達出來

第五站

沿着「龍脈」騰飛

築鳥巢，生金蛋

2008 年，北京夏季奧運會盛況空前。開幕式上有一個焰火表演，吸引着世人的目光，那就是「大腳印」。據說「大腳印」是沿着傳說中的「龍脈」走向 2008 年奧運主會場「鳥巢」的。古往今來，北京人都認為京城藏有「龍脈」，而且還說得有板有眼。

老北京的「龍脈」——北長街

古人認為北長街就是北京的「龍脈」，於是在此建造雷神廟，認為有龍則靈。龍能造水，水能克火。明朱國禎《湧幢小品》中曾有記載：「余過西華門，馬足恰恰有聲，俯視見石骨黑，南北可數十丈，此真龍過脈處。」

中軸線上有「金蛋」

古代北京城市建設中最突出的成就，是以宮城為中心的向心式格局和自永定門到鐘樓長 7.8 公里的城市中軸線，這是世界城市建設歷史上最傑出的設計範例之一，也被稱為北京的「龍脈」。

借着「龍脈」的「吉瑞」之氣，北京奧運會上中國代表團成績斐然。同樣，沿着「龍脈」，北京似乎已經找到了「騰飛」的感覺，中軸線周邊的發展日新月異，孕育出一個個光彩奪目的「金蛋」。

◀2022 年北京冬奧会吉祥物「冰墩墩」「雪容融」

◀國際化大都市

▲後海

北京商務中心區

▼國家大劇院

中國建築大師梁思成曾讚美這條中軸線：
「一根長達八公里，全世界最長，也最偉大的南北中軸線穿過全城。北京獨有的壯美秩序就由這條中軸的建立而產生……」

▼北京中軸線

從國子監到清華園

古代大學怎樣考

國子監是元、明、清三代國家設立的最高學府和教育行政管理機構，又稱「太學」。國子監招收的學生來自全國各地，其中包括邊遠地區的少數民族學生。

古代大學同樣不好考。考生需要經歷十年寒窗苦讀，以及「頭懸樑、錐刺股」的磨礪，才有可能進入「大學堂」，接近「躍龍門」（中國古代是個典型的農業社會，「龍門」即「農門」，成龍成鳳是每位考生的最大理想）、「光宗耀祖」的目標。

監生指能在國子監讀書或取得進國子監讀書資格的人。

「監生」是怎樣煉成的？

1. 十年寒窗苦，心酸各人知：從全國各地秀才中選拔「正牌」監生。

2. 若有金銀寶，諸事皆無憂：只要交足銀子，就能領取「監照」的掛名監生，也叫「捐監」。

3. 漂洋過海來，只為一監生：來自高麗（今韓國、朝鮮）、交趾（今越南等地）、俄羅斯等國家的留學生可以直接成為監生。

北京高校地圖

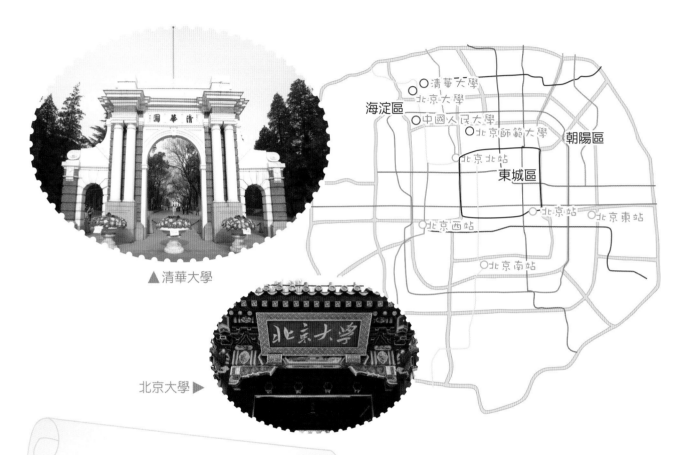

▲ 清華大學

北京大學 ▶

北京大學創立於 1898 年，初名京師大學堂，是中國第一所國立大學，也是中國在近代史上正式設立的第一所大學，其成立標誌着中國近代高等教育的開端。

清華大學的前身是清華學堂，始建於 1911 年，曾是由美國退還的部分庚子賠款建立的留美預備學校。清華大學的初期發展雖然滲透着西方文化的影響，但學校十分重視研究中華民族的優秀文化瑰寶。

....

城市攻略——2049 年的北京

　　找到了北京過去與現在的「龍」，讓我們穿越到 2049 年，找一找未來的北京之「龍」吧。

　　以現在北京的發展狀況想像一下，未來的北京會是甚麼樣子？會不會是——交通全面癱瘓，汽車只能帶着翅膀飛行；再也找不到熟悉的胡同、戲樓和小吃；高聳入雲和密密匝匝的高樓大廈使得紫禁城、長城相形見絀……那時北京還會是記憶中的皇城嗎？在卷軸中畫出你想象中未來北京的樣子吧！

我想像的未來北京

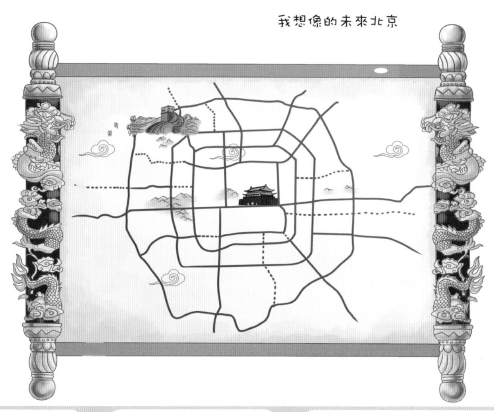

▲ 高樓林立的城市　　　▲ 碧水藍天的科技城市　　　▲ 恢復明城牆的古色古香城市

我的家在中國・城市之旅①

百花深處
訪京城 | 北京

檀傳寶◎主編　王小飛◎編著

責任編輯：楊安琪
裝幀設計：龐雅美
排　版：龐雅美　鄧佩儀
印　務：劉漢舉

出版 / 中華教育

香港北角英皇道 499 號北角工業大廈 1 樓 B
電話：（852）2137 2338
傳真：（852）2713 8202
電子郵件：info@chunghwabook.com.hk
網址：https://www.chunghwabook.com.hk/

發行 / 香港聯合書刊物流有限公司

香港新界荃灣德士古道 220-248 號
荃灣工業中心 16 樓
電話：（852）2150 2100
傳真：（852）2407 3062
電子郵件：info@suplogistics.com.hk

印刷 / 美雅印刷製本有限公司

香港觀塘榮業街 6 號
海濱工業大廈 4 樓 A 室

版次 / 2021 年 3 月第 1 版第 1 次印刷
©2021 中華教育

規格 / 16 開（265 mm x 210 mm）